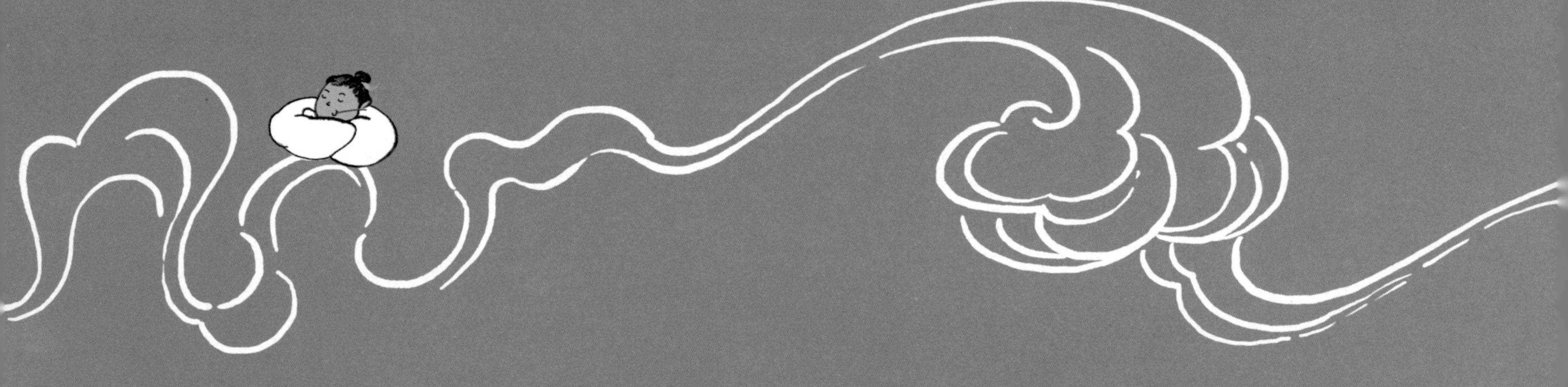

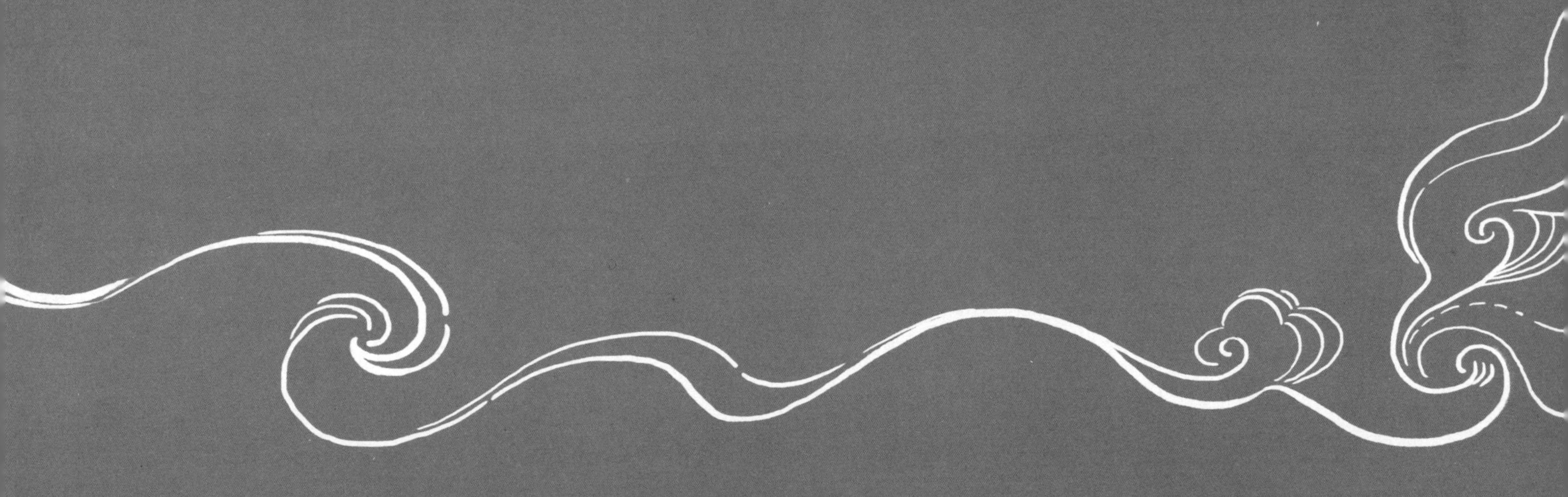

可以折叠的山水

曹林娣 主编

你好园林，神奇的院子

文小通　郭铮
编著

李冬冬　郭铮
绘

古吴轩出版社

图书在版编目（CIP）数据

你好园林，神奇的院子. 可以折叠的山水 / 曹林娣主编 ; 文小通，郭铮编著 ; 李冬冬，郭铮绘. -- 苏州 : 古吴轩出版社，2022.1
ISBN 978-7-5546-1728-1

Ⅰ. ①你… Ⅱ. ①曹… ②文… ③郭… ④李… Ⅲ. ①古典园林－园林艺术－苏州 Ⅳ. ①TU986.625.33

中国版本图书馆CIP数据核字(2021)第060395号

责任编辑：李爱华
见习编辑：沈欣怡
策　　划：鲍志娇
特约编辑：郭　铮
装帧设计：王左左

书　　名：你好园林，神奇的院子. 可以折叠的山水
主　　编：曹林娣
编 著 者：文小通　郭　铮
绘　　者：李冬冬　郭　铮
出版发行：古吴轩出版社
地址：苏州市八达街118号苏州新闻大厦30F　邮编：215123
电话：0512—65233679　传真：0512—65220750
出 版 人：尹剑峰
印　　刷：天津图文方嘉印刷有限公司
开　　本：889×1194　1/16
印　　张：21.75
字　　数：337千字
版　　次：2022年1月第1版　第1次印刷
书　　号：ISBN 978-7-5546-1728-1
定　　价：269.00元（全四册）

狮子林

闲居赋（节选）

［晋］潘岳

于是览止足之分，
庶浮云之志，
筑室种树，
逍遥自得。
池沼足以渔钓，
舂税足以代耕。
灌园鬻蔬，
供朝夕之膳；
牧羊酤酪，
俟伏腊之费。
孝乎惟孝，
友于兄弟，
此亦拙者之为政也。

狮子林是一座与众不同的园林，它的名字里虽然没有“寺”，可跟拙政园、留园等私家园林以及圆明园、颐和园等皇家园林都不同，它是一座寺庙园林。

乍一听到这名字，你是不是想：“这儿从前大概是一片茂盛的树林，凶猛的狮子出没其间……”

哈，这你可就错啦！传说，它名字的来由是这样的：龙生九子，狻猊（suān ní）排行第五。它外形像狮子，喜欢吞云吐雾，所以常常蹲在香炉上。这座园林里假山层叠，疙疙瘩瘩的山石看起来像极了狻猊。

不过，这只是传说，关于狮子林的名字，可能与天如禅师有关。

元朝末年，苏州迎来了高僧天如禅师，禅师讲学精湛，受到弟子们的拥戴。弟子们于是买地盖房，为天如禅师建了禅林。天如禅师曾经跟随中峰和尚学习佛法，而中峰和尚得道于天目山狮子岩，天如禅师为了纪念师傅中峰和尚，把这个禅林取名为“师子林”。加上禅林中有许多怪石，形如狮子，因此也叫“狮子林”。

狮子林里的建筑看起来跟其他园林里的区别不大，其实用途很有自家特色，比如园里的“小飞虹”“卧云室”是禅房，“立雪堂”是法堂，“揖峰指柏轩”是僧堂，“问梅阁”是客房。

狮子林有个外号，叫“假山王国”，从建成之初就是名人墨客的“打卡胜地”。乾隆六次下江南，多次驾临狮子林。这狮子林到底有什么魅力？走，咱们一起去看看吧。

暗香疏影楼
湖心亭
石舫
问梅阁

五松园
真趣亭
见山楼
修竹阁

揖峰指柏轩
立雪堂
卧云室

这里是
狮子林
九狮峰
南门

前言

你知道为什么中国园林“无园不石”“无园不山”吗？

古人曾认为石头是“天地至精之器”，它是云之根、山之骨。石积为山，是大地的骨柱，人间神幻通天的灵物。人在山上乃为“仚”（仙）人！

奇石尽含千古秀，一石清供，千秋如对；石，聚山川之灵气，孕日月之精华，具有返璞归真的自然美。

孔子说“仁者乐山”，山具有仁德，所以，仁者愿比德于山。这样，园林中片山有致，寸石生情，纳入了文人的精神领地。

禅意假山别有洞天！

好，让我们到假山王国狮子林，钻进禅意假山山洞，体验一下从迷茫到豁然开朗的过程。

曹林娣

山

——天地之骨

目录

水——天地之血

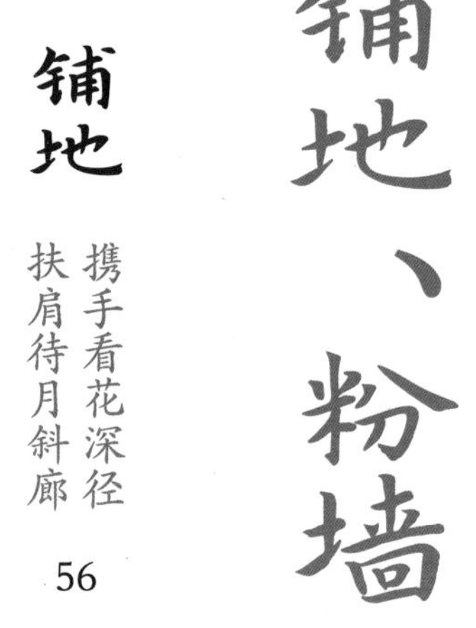

铺地、粉墙

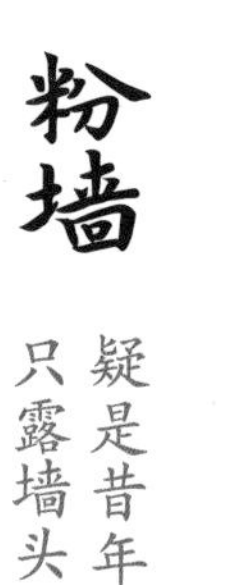

把高山藏进庭院

嘿，朋友！是我，小石头。
坐在湖石之巅，
看房檐上的水曲折流下，
在假山上流成一条瀑布，又跌进下面的小潭，
是我最爱的事儿。
跟我来，
带你在园林的曲水里泛舟，
去云墙的瓦头上捉蜻蜓！

从苑囿到园林

栗中藏世界
芥子纳须弥

“园林”对你来说陌生吗？

其实，它离我们特别近，你甚至可能每天都会接触到：大的有北京的颐和园、圆明园，小点儿的有城市公园，最常见的是小区里的小花园。

中国人特别向往在大自然中平静地生活，所以我们的祖先爱写田园诗、爱画山水画，还恨不得把大自然中的青山和绿水统统搬进自家庭院。

早在商周时期，权贵们在野外发现景色宜人、适宜打猎的地方后就会把它围起来，这样做一来不让外人进入，二来防止野兽出没，好让里面的鸟兽更悠闲地繁衍。于是，这儿就成了他们的私人狩猎场和游乐园，名为“囿”（yòu）。据说，周文王建造的“灵囿”，里面草木茂盛，鸟兽非常多。

这种囿促进了园林的发展。秦汉以后，越来越多的皇帝开始挖小河、湖泊，并且在水上修建“仙山”，模仿野外的样子布置景物。慢慢地，“一池三山”的样式出现了，“三山”指蓬莱、方丈、瀛洲三座仙山，传说那是仙人的居所。

在这样的地方，既可以办公，又能游玩放松，顺便还能修仙访道，这就是“苑”。汉高祖的未央宫、汉武帝的上林苑等，都是汉代著名的苑囿，可惜它们已经消失在久远的岁月里，我们只能在书里读到了。

秦汉时，天子、诸侯各能够拥有多大的园林都有严格的规定。

普通富人也纷纷模仿贵族苑囿的样子在庭院里叠出玲珑的假山，理出曲折的水道，盖起精致的建筑，再种上各种植物，建成私家园林。这其中有很多都在历史上留下了大名。

其中，关于西晋巨富石崇的私家园林金谷园的故事较多，比如我们熟知的“石崇斗富”。据说，金谷园里的陈设很讲究，连厕所里都放着甲煎粉、沉香汁之类的名贵香料，挂着绛色帐幔，铺着丝绸垫子，并且还有十多个身着华服的侍女捧着香袋在里面侍候。官员刘实在石崇家上厕所，还以为跑到女孩子的闺房里了，吓得赶紧跑了出来。

后来，金谷园荒芜了。杜牧路过此处，不禁感慨其曾经的繁华与如今的破败无常。

金谷园

[唐] 杜牧

繁华事散逐香尘，

流水无情草自春。

日暮东风怨啼鸟，

落花犹似坠楼人。

石崇生前极尽奢侈，但他也有一颗向往山林的归隐之心。

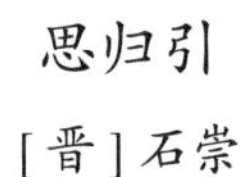

思归引

[晋] 石崇

思归引，归河阳。

假余翼，鸿鹤高飞翔。

经芒阜，济河梁。

望我旧馆心悦康。

清渠激，鱼彷徨。

雁惊溯波群相将，

终日周览乐无方。

登云阁，列姬姜，

拊丝竹，叩宫商，

宴华池，酌玉觞。

你看，不管是皇家园林还是私家园林，园主想要的是“久在樊笼里，复得返自然”。普通退休官员或者富裕文人没有帝王那样的财力，便根据自身志趣，用迷你山水装饰自己的微型园林，这类园林被称为“文人园林”，江南的园林大多属于这类。

折叠空间

文山尺树
寸马分人

“三远”

中国的山水画和山水园林都离不开“高远”“深远”“平远”这“三远”：“高远”强调山势突兀险峻，就像李白的“噫吁嚱，危乎高哉”；“深远”意指群山重重叠叠、遮遮掩掩，从前往后，次第入云；“平远”则是以俯视的视角构图，表现平淡冲和的境界，有“山随平视远”的艺术效果。

平
远

小巧的园林

不同地区的地形不同，植被、气候等也差异极大，因此不同地区的园林自然也风格迥异。

江南，水道曲折，树木遮掩，小丘水潭高低交错，私家园林多为自家建来居住，因此个个小巧精致。比如苏州的残粒园，面积非常小，是苏州园林中的“小家伙”，其中的花园大概只相当于两三间教室的大小。但是，就在这么个小空间里面，假山、水池、小桥、树木，还有蜿蜒的小径，一应俱全，能游山，可玩水，是不是像极了你用积木搭起来的娃娃的家？

横变纵

怎样才能把大自然中那么庞大的高山、深潭放进一座小小的庭院里？

聪明的小读者， 如果我问你：如何把一张桌面大小的纸放进钱夹里？你一定会把嘴巴一撇：“当然是折叠起来啦！”

是啊，纸能折叠，空间也能哦！咱们一起来看看吧。

如果山水不能以“平远”的形式展开，那就让它向高处生长吧！有一个词——叠山，像盖楼房一样一层层地把假山摞起来。

水，是镜子，它有让空间翻倍的魔力。如果说山的作用是让空间向上伸展，那水的作用就是把空间向下牵拉。

在中国人眼里，“山”和“水”是不能分割的一组搭档，它们在对比中相互成就，所谓“山清水秀”就是它们依偎在一起的样子。

聪明的造园师还能根据山形和想要营造的意境在水中放置石块，人走在石上好像有一种凌波之感；或者在山间水面架起弯弯的小桥，好像美丽的彩虹落到人间；最普遍的做法是在假山下修建水池，模拟山涧或深潭，利用水面在假山脚下形成虚空。这些方法都能使空间大大地向下延伸。

曲线的美感

大自然中充满曲线，曲线有一种婉转的美。一些苏州园林也充满曲线。园林中的建筑“深奥曲折，通前达后”，园林中的道路“门内有径，径欲曲”，园林中的桥“蜿蜒以交通”，园林中的水是“曲水”，池是“曲池”，甚至连整个地形都是曲折的，叫“曲园”。

建筑曲：有的苏州园林中，一些厅、堂、楼、榭采用了卷棚顶构造，曲线圆润；房屋飞檐翘角，好像生出翅膀一般；廊，曲折而来，蜿蜒而去，尽显曲线的美感。如果是雨天，你不用担心在屋里待着太憋闷，顺着长长的爬山廊去看园林里的雨景吧！

狮子林里有一段爬山廊，走在里面，你视线里的景色会随着地势高低而变化，完美诠释了什么叫“移步换景”。

于中好·小构园林寂不哗

［清］纳兰性德

小构园林寂不哗，疏篱曲径仿山家。
昼长吟罢风流子，忽听楸枰响碧纱。
添竹石，伴烟霞。拟凭尊酒慰年华。
休嗟髀里今生肉，努力春来自种花。

桥曲：桥面分为几曲，曲折迂回间向前延伸，这就是“曲桥”。曲桥有三曲、五曲、七曲、九曲之分。耦园的宛虹杠是三折曲桥，怡园和拙政园各有一座五曲桥，狮子林有座著名的九曲桥。

拱起腰背的是拱桥，它只要现身，必有不俗的表现。拙政园里有一座“小飞虹”，它弯弯的身姿倒映在水面上，宛如雨后彩虹；网师园里有一座很小的石拱桥——引静桥，桥背圆圆地拱起来，宛如驼峰，玲珑可爱。

石曲：园林里的很多石头也充满曲折的线条。就像一张大纸被揉成小团，一些石头的表面像被揉搓过一样，皱皱巴巴的，这样它的肌理才够丰富，才更耐看。此外，这些石头还得尽量不遮挡人们的视线，更不能遮住房屋的采光。

径曲：道路，如果是为了便捷，那么两点之间直线最短；园林中的道路却是越曲折越有趣味，让你一眼望不见头，觉得它幽深莫测。于是，空间在心理上被扩大了。

“开径逶迤，竹木遥飞叠雉”——开辟出弯弯曲曲、绵延不绝的小路，在两边栽种竹子、紫藤等植物，鸟儿从花木丛中纷纷飞起。试问，这样的小路谁不想多走走？

除此之外，曲径还起到分隔空间和引导人们游览的作用。

如此复杂的要求，什么样的石头才能满足？

答案是多孔的石头，它姿态婀娜轻盈，是不二之选。中国古人鉴赏假山石重要的标准：瘦、皱、漏、透。

水曲：苏州有座曲园，曲园里有曲水池，曲水池上有座曲水亭，曲水亭边是崎岖不平的曲石，曲石旁种植着婀娜多姿的曲梅。一路走来，所见美景，如同江南的乐曲一样婉转。

园林里的水，还能折折叠叠地自上而下跌落下来。在狮子林的假山深处，就有一处悬崖形状的山石，上面挂着一条瀑布，呈三叠，从一级又一级假山上“拾阶而下”，比飞流直下更有趣味。

并列变重叠

形容群山，我们常用“峰峦叠嶂”或者“层峦叠嶂”等词语，描述的是一座座山相互重叠、前后遮掩着慢慢退到远处的样子。

在园林中，山麓不能往“平远”处伸展时可以想办法让它们看上去更加“高远”或者“深远”。就像在操场排队时，把一排横队变成一列纵队。

列队时，要主次分明、条理清晰，用王维的话说是“定宾主之朝揖，列群峰之威仪，多则乱，少则慢，不多不少，要分远近”。

看上去千差万别、大小不一的石块，如果只是简简单单地堆砌，可能会缺乏美感；但造园家能根据自己对大自然的观察，按照绘画的章法，将它们变成一座座藏在庭院里的高山、险峰。

和写作文、画画一样，创造一座假山也有规律可循。动工之前，造园家在心里早已经按照“其上峰峦虽异，其下冈岭相连”的原则给它们编好小组。就是说，高处那一座又一座的山峰看上去迥异，在地下却都长在一个“山根”上，就像树枝从树干上长出那样。有条理，造出来的假山才不会成为一片乱石阵。

分好组之后，还要让每位“组员”各自占一个空间层次，前面遮挡着后面，有秩序地依次退后，“掩映林泉，依希远近”。

画山水图答大愚

[五代] 荆浩

恣意纵横扫，峰峦次第成。
笔尖寒树瘦，墨淡野云轻。
岩石喷泉窄，山根到水平。
禅房时一展，兼称苦空情。

山——天地之骨

搜尽奇峰打草稿

却有一峰忽然长
方知不动是真山

园林，山石为园之骨架，水为园之血液。中国园林跟中国山水画是同门师兄弟，它们的老师是同一位，叫“大自然”。

我知道，小读者们各个多才多艺，其中有不少人擅长画画，如果让你来画风景画，动笔之前你是不是早就心里有数了？这就跟造园家设计园林一样，在造园之前，先要打好腹稿，想好在哪儿堆山，在哪儿架桥，在哪儿挖水池，在哪儿修亭台，在哪儿砌山洞，在哪儿留小径，在哪儿修建水边矶岸……

画家用笔墨描绘丘壑，造园家用山水营造空间，不论是画家还是园艺家，想创作出好作品都必须认真观察、细心揣摩，先把大自然装进脑袋里，才能运笔自如。苦瓜和尚说的“搜尽奇峰打草稿”，便是这个意思。

苦瓜和尚名叫石涛，原是明朝皇室子弟，明朝灭亡以后，年幼的小石涛被仆人背到山里，隐居于寺院，当了和尚，从此与山水做伴，创作了很多山水画。

园林是对大自然的模仿和再现，所以，造园家在造园之前要对大自然有深刻的了解，并在心中或纸上形成设计图后，才能用工程技术和艺术手段进行筑山、叠石、理水，营造出优美的自然环境和游憩境域。

画语录（节选）

［清］石涛

山川使予代山川而言也，
山川脱胎于予也，
予脱胎于山川也。
搜尽奇峰打草稿也。
山川与予神遇而迹化也，
所以终归之于大涤也。

选石

爱山已成痴
爱石又成癖

看尽了“三山五岳”，你已经胸中有丘壑，可以开动起来，把大自然中的高山搬进小小的庭院里啦！现在，首要的任务便是“选石”。

园林里的石头讲究极了，你要是以为园主挑选石头只是为了用它们搭建假山，那就太小看他们对石头的爱了。中国古代有很多文化名人都爱石如命，为它们做过许多“荒唐事”呢！

不信？来读一读这些“石头记”吧！

花石纲

小读者们听说过“花石纲”吗？

宋徽宗继位后，想要选石筑山，修建园林。后来，宋徽宗搜刮天下，大兴“花石纲”（往汴京运送花石的船只，每十船为一纲），建造艮（gèn）岳。

这些奇石大多来自南方，它们顺着京杭大运河北上，工程浩大，还引起了民怨。

经过好几年的时间，艮岳终于建成，园内山水丰沛，吞山怀谷，种满奇花美木，蓄养珍禽异兽，极尽奢华。

在“掇山”（叠石为山）方面，艮岳称得上集大成者，其中一座假山的主峰十分高耸，相当于八九层楼高，可谓“括天下之美，藏古今之胜”。

艮岳如此雄奇，为什么后世几乎没有人见过它呢？

原来，艮岳建成不久，宋便与金进行了一场恶战，宋徽宗被金人掳走，艮岳里这些历尽千辛万苦搜集来的奇石被拆毁，用于城防。可惜的是，即便拆掉一座山也终究挽回不了败局。

北宋灭亡后，艮岳的一些花石纲还被金人运往北京，没有运走和沿途散失的奇石，流落各处。

石头没有脚，却从南到北走过中国；石头没眼睛，却看尽历代兴衰，沧海桑田。

艮岳篇

［明］李梦阳

宋家行殿此山头，千载来人水一丘。
到眼黄蒿元玉砌，伤心锦缆有渔舟。
金缯社稷和戎日，花石君臣弃国秋。
漫倚南云望南土，古今龙战是中州。

太湖石

太湖石盛产于太湖地区。它曲曲折折地扭转着身体，有很多孔洞，表面遍布着叫作“弹子窝” 的小坑，那是湖水冲刷留下的痕迹。

采集这种石头非常辛苦。匠人背着锤子、凿子等沉重的工具潜到水下，把石头凿下来，绑上绳索。早已有大船在水面上等候，船上的工人喊着号子，拉动粗大的绳索，把太湖石打捞上来。太湖石产地有限，产量稀少，采集耗费人工，所以身价不菲。

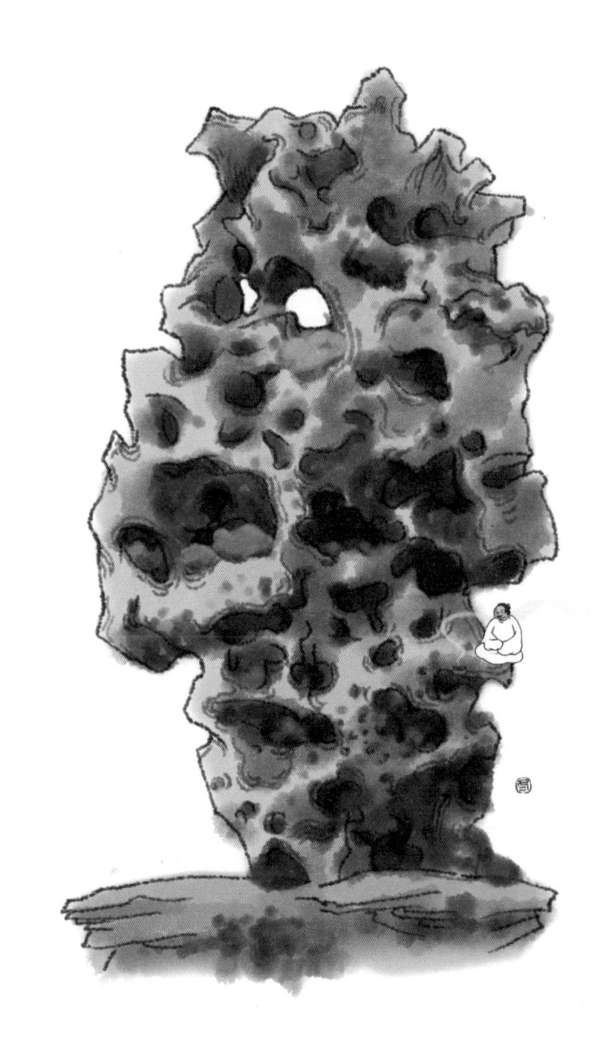

白居易与太湖石

白居易也喜欢造型玲珑的太湖石。这老头儿平日里除了吟诗作对，还有一大嗜好就是赏石。他在散文《太湖石记》中描述了太湖石的神奇，说黄昏与早晨，太湖石呈现的形态千变万化；自然界的百仞高山，一块小石就可以代表；千里景色，坐在家里就能享受得到。

大诗人还为它们写了很多诗，其中名叫《太湖石》的就有好几首。

太湖石

[唐] 白居易

烟翠三秋色，波涛万古痕。

削成青玉片，截断碧云根。

风气通岩穴，苔文护洞门。

三峰具体小，应是华山孙。

太湖石

[唐] 白居易

远望老嵯峨，近观怪嵚崟。

才高八九尺，势若千万寻。

嵌空华阳洞，重叠匡山岑。

邈矣仙掌迥，呀然剑门深。

形质冠今古，气色通晴阴。

未秋已瑟瑟，欲雨先沉沉。

天姿信为异，时用非所任。

磨刀不如砺，捣帛不如砧。

何乃主人意，重之如万金？

岂伊造物者，独能知我心？

这首诗大意为：这块石头上集中了美丽的颜色，波涛在上面留下了不能磨灭的痕迹。这石头好像是用刀削出来的薄薄的青玉，好像是快刀劈成的陡峭的山峰！风从石头的孔窍中穿过，苔藓守护在孔洞的门口！太湖石体积很小，但拥有峰峦的气势和形态，大概是华山的后代吧。

你以为读书人平时只借书来读，想不到白居易还借石头来看！有一次他就向杨尚书借来一块太湖石放在他香山的园林里，并作了一首诗。

杨六尚书留太湖石在洛下借置庭中因对举杯寄赠绝句

[唐] 白居易

借君片石意何如，置向庭中慰索居。

每就玉山倾一酌，兴来如对醉尚书。

“尚书大人，您不在，我又少了一位至交好友，很是寂寞。借来您的太湖石放在我家庭院中，每每对着它自斟自酌，喝到飘飘然时，仿佛看到您也一副醉态地坐在我对面。”

从诗中可以看出，白居易在太湖石上寄托了自己的感情，对太湖石真的喜爱到了极点。

灵璧石、无为军石

灵璧石和无为军石都来自安徽。灵璧石藏在泥土里，样子轻巧，形态各异，有的像动物，有的像人，还有的像云气、日月，变化多端。

无为军石也“长”在土里，但是石头的“根”连在一起，所以不如灵璧石那般会“七十二变”， 大多只是像连绵不断的山峰而已。但有的无为军石小山上竟生了羊肠小道，曲曲折折穿插在石峰之间，像个玩具，有趣极了。

关于这两种石头，最有名的故事莫过于“米芾拜石”了。

米芾拜石

米芾，性格乖张，有洁癖，常穿着奇装异服招摇过市。他一旦爱上什么东西就会如癫似痴，比如石头。

相传，米芾知道安徽灵璧县出产很多有趣的石头，便找机会给皇帝提交了一封申请书，强烈要求去邻近灵璧的涟水做官。一到任，这位“米癫”就到处搜集石头、收藏石头、画石头，还给每块奇石赋诗一首。

米芾整天对着石头痴痴发呆，哪有心思办公？按察使杨次公和他私交不错，便来到他家，对他劝告训诫了一番：“你从千里之外来此担任父母官，应当勤于公事，怎么能整天只顾着玩石头？”

米芾取出一块石头对杨次公说：“这样的石头怎么能叫人不爱？”只见这块石头正好是一座峰峦重叠的小山，山中还有几孔玲珑的山洞。然后，他又取出另一块石头，这块石头造型更奇巧。

紧接着他又取出第三块，不无自豪地再次对杨次公说：“这样的石头怎么能叫人不爱？”

杨次公忽然说：“这样的奇石并不只是你一个人爱，我也很爱。”然后突然从米芾手中抢过石头，扬长而去。

米芾任安徽无为军知州时，这里的“无为军石”名扬天下。“米癫”到任时，见到一块十分奇特的大石头，高兴得大叫起来：“此足以当吾拜。”于是跪倒拜石，尊称此石为“石丈”。

又有一天，米芾听说城外河边有一块奇丑的怪石，赶紧让下属将它搬回来。一见此石，大为惊奇，他竟然又趴在地上跪拜起来，一边拜一边念叨：“吾欲见石兄二十年矣！”

对石头爱得如此癫狂，大概古往今来只有米芾一人吧？

黄石、笋石

黄石，因其颜色而得名。跟太湖石、灵璧石这样婀娜柔美的石头不同，黄石方方正正、棱角分明，气质古朴雄伟，放在园林里有一种奇伟的气势。

笋石，乍听这名字，你肯定以为它像竹笋一样从山地里破土而出；实际上，被找到时它们通常是躺在山土中的，直到被运到园林里竖起来，变成“笋子”。

因为模样特立独行，所以笋石通常不跟其他石头“拉帮结伙”地搭假山，而是跟花花草草结伴，组成自己的“景观小团队”。这个“景观小团队”我们称其为“小品”。

笋石插在土里，好像一把冲向天空的宝剑，所以人们把它们分成慧剑、子母剑、钟乳石笋和乌炭笋四类，算得上石笋界顶门立户的“四大家族”了。

湖口石

江西九江湖口县是长江和鄱阳湖交汇的地方，这里产的湖口石适合叠山，也适合制作山水盆景。其中有一种湖口石，扁扁的，薄薄的，像被刀剜刻过的木板一样，石头上有丝一样的纹路，敲一敲还当当作响，苏轼为它写过诗文。

苏轼三咏湖口石

苏轼曾三次经过湖口，每次都留下一篇不朽名作。

第一次，他送长子苏迈远行，路过湖口，夜里乘船去游赏石钟山，写出了千古名作《石钟山记》。为什么他在送孩子去上任的路上，非得匆匆忙忙去看一眼这湖口石不可呢？原来，苏轼早就看到郦道元在《水经注》里讲：鄱阳湖的湖口有一座石钟山，但凡有微风吹动水面，浪花拍打石头，就会发出如大钟般洪亮的声音。

苏轼心想：“这事儿太奇怪了！一般说来，就算把铜钟、石磬放进水里，即使大风巨浪拍打它，也发不出声音，更何况是石头呢？”

大概正是因此，苏轼才有了夜探石钟山的冒险之旅。

在漆黑的夜色中，钟山倾斜着山体，高耸巍峨，那巨大的黑影仿佛厉鬼、怪兽一样阴森恐怖地向人靠拢；山中巢穴里的老鹰，听到人的声响，受了惊，骤然飞起，在空中发出啸叫；忽然又听到好像老人发出的咳嗽声、大笑声……父子俩置身在这样的场景中，不禁战战兢兢，有了返回的想法。就在这时，忽然又听到响亮的钟鼓声从水上传来，就连船夫也吓得心惊胆战起来。好在苏大学士冷静下来，上前仔细观察，发现钟山之下尽是深不可测的洞穴和裂隙，湖水涌进石缝，鼓荡回旋，由此才发出巨响。

苏轼第二次经过湖口是他被贬时途经此处。他见到了当地人李正臣收藏的一块奇石，玲珑可爱。苏大学士一见之下喜欢得不得了，给它取名为“壶中九华”，还赋诗云：“五岭莫愁千嶂外，九华今在一壶中。天池水落层层见，玉女窗明处处通。”虽是在被贬黜途中，苏轼还想“百金归买碧玲珑”呢！

自从在湖口见到它，苏轼就一心想着它。许久之后，苏轼被赦免，返回北方时经过湖口。他想寻找当年的“壶中九华”石，谁知道它早已换了主人。苏轼因此惆怅不已，就着前作，又写下一首壶中九华诗，慨叹“尤物已随清梦断，真形犹在画图中”。唉！旧物已经不在了，但它留给我的记忆太深刻，画在纸上，时常看看或许能安慰安慰我吧！

除了那些正儿八经地担当庭院装饰重任的湖石、假山，我们再来看看这几种有趣的石头。

鱼龙石

苏州留园里有三件宝贝，其中有两件都是石头：冠云峰和鱼化石。

古人把鱼化石称为“鱼龙石”，每每见到就把它们归入“奇石”一类，收藏起来。这种化石自然比太湖石、湖口石等石头更加昂贵，因此，至少从宋朝起就有许多赝品。当时，在生产鱼龙石的湖南，老百姓常用生漆制作假化石。分辨它们有个小窍门：刮下一片，烧一烧，有腥味的才是真的哦！

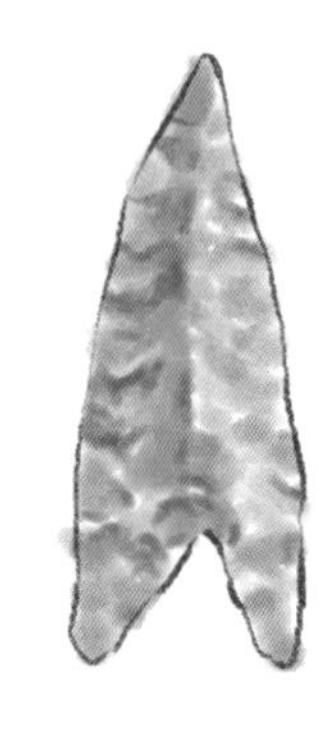

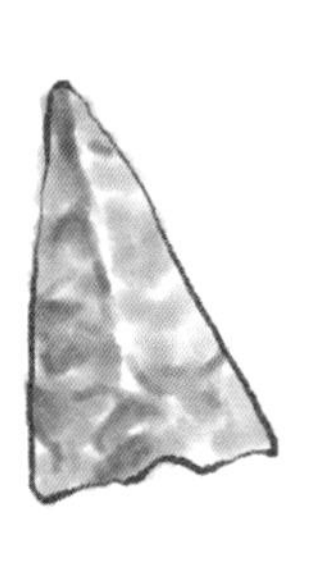

石棋子

石棋子近似雨花，对于热爱石头的人来说，得到一副天然的石棋子堪称“天赐横财”。

传说从前湖北鄂州、黄冈一带的水里出产一种质地光滑、温润的小石子，黑白分明，就像棋子一样，不需人工打磨。山下有位老婆婆常到溪边挑拣一些个头均匀的，拿去卖钱，维持生计。人们传说，是上天怜悯她，才安排给她这么可爱的小东西的。

五色石子

有河流的地方，就有圆溜溜、晶莹剔透、颜色好看的小卵石。这些小家伙成群结队地出现在园林中，或铺成小路，或点缀屋舍，也能大展一番拳脚呢！

最受造园家珍爱的一种卵石叫六合石子，盛产于六合县。怎么？这名字听起来挺陌生，甚至还有点儿神秘？那你听说过雨花石吧！六合县就是现在江苏南京市的六合区，所以六合石子就是大名鼎鼎的雨花石呀。雨花台是南京颇有名的一处古地，王安石、乾隆皇帝等名人都写过以《雨花台》为题的诗。

关于雨花台的来历，有个奇妙的传说：南朝梁武帝时，有个叫云光的高僧讲经说法，讲到精彩之处，竟然有无数繁花下雨一般从天而降，落地后便成了五彩缤纷的雨花石，因此后人把云光和尚讲经处称作“雨花台”。

雨花石的颜色瑰丽奇妙，图案像宇宙星云一样变幻莫测，所以得了很多好听的名字，比如“玛瑙石”“螺子石”“五色石”“锦石”等。明朝文学家袁宗道专门写了篇《锦石滩》，大意如下：我家住在江边上，不知什么时候，江心涌出一个洲，洲上全都是五颜六色的小石头，有的像玉一样洁白，有的红黄相间，透明如玛瑙。我常常跟朋友一起驾着小船去那岛上。江水像白色的丝绸一样围绕在我们周围，斑斓的石子聚集在石滩里，我们排排坐，仿佛置身仙境中。我曾拾起几枚石子，一枚有黑、黄两色，像鸟蛋一样；一枚像玉，正青色，上面飞过几条红纹，如同秋天的晚霞；一枚以黑色做底，上面遍布金色花纹，跟人称“小李将军”的唐代画家李昭道笔下的金碧山水一个样子。

有人说，《红楼梦》里贾宝玉出生便含在嘴里的“宝玉”就是一块雨花石，因为它“大如雀卵，灿若明霞，莹润如酥，五色花纹缠护”。

在园林中，你常常能见到由寻常小卵石铺成的小径，却没人舍得把雨花石嵌进其中。这种似能通灵的小家伙就该待在我们的书桌上，用一盘清水养起来。

锦石滩（节选）

[明] 袁宗道

余家江上，
江心涌出一洲，长可五七里，满洲皆五色石子。
或洁白如玉，或红黄透明如玛瑙。
如今时所重六合石子，千钱一枚者，不可胜计。
余屡同友人泛舟登焉。净练外绕，花绣内攒。
列坐其上，似在瑶岛中。
余尝拾取数枚归。一类雀卵，中分玄黄二色。
一类圭，正青色，红纹数道，如秋天晚霞。
又一枚黑地布金彩，大约如小李将军山水人物。

雨花台所见

［明］汤显祖

冉冉春云阴，郁郁晴光莹。
取次踏青行，发越怀春兴。
拚知天女后，如逢雨花剩。
宜笑入香台，含颦出幽径。
徙倚极烟霄，徘徊整花胜。
随态惊蝶起，思逐流莺凝。
美目乍延盼，弱腰安可凭。
朝日望犹鲜，春风语难定。
拎翠岂无期，芳华殊有赠。
持向慧香前，为许心期证。
如何违玉缨，沈情击金磬。

叠山

恣意纵横扫
峰峦次第成

立基

准备好石料，便可以开工搭建假山了。

搭建假山跟盖房子一样，最先要干的事是打基础。现在，请你跟我一起，像搭积木一样造一座藏在庭院里的高山吧！

首先，咱们需要探查土质，然后清理出一片既平坦又结实的场地。如果这片地的土质细腻有黏性，那咱们就直接夯实它；如果这片地里的土松散又夹杂很多碎石，咱们就得把碎石泥土清理掉再运来好土替换。

接下来该往地下打入长长的木丁了，这个步骤称为“桩木为先”。因为假山常常建在水面上，所以，这些木丁不仅要能承担起假山的重量，防止其下沉，还得不怕水浸，不会因为结冰而变形。

为了防止木丁移动，它们的尾巴需得高出地面几寸，以便在它们之间填满碎石并浇上含有糯米或桐油的灰浆。这种灰浆遇水之后能像混凝土一样结实，防水又耐冻。同时，厚厚的“混凝土”还会把水底的木丁裹得密不透气、水不能浸，就算历经很多年也不会腐烂。

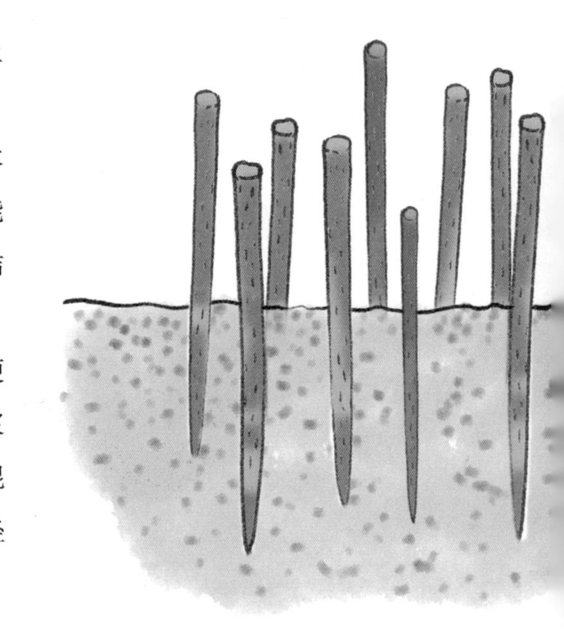

这些步骤完成之后，再用粗大的石条、石块盖住桩头，假山的基础才算筑成。

那你猜猜，一座假山下通常藏有多少根木丁呢？

几十根？上百根？不，不，不，那可远远不够！有的每平方米的木丁就有几百根！

当你在假山之间钻来绕去的时候，请记得为这些默默无闻的大力士点赞哦！

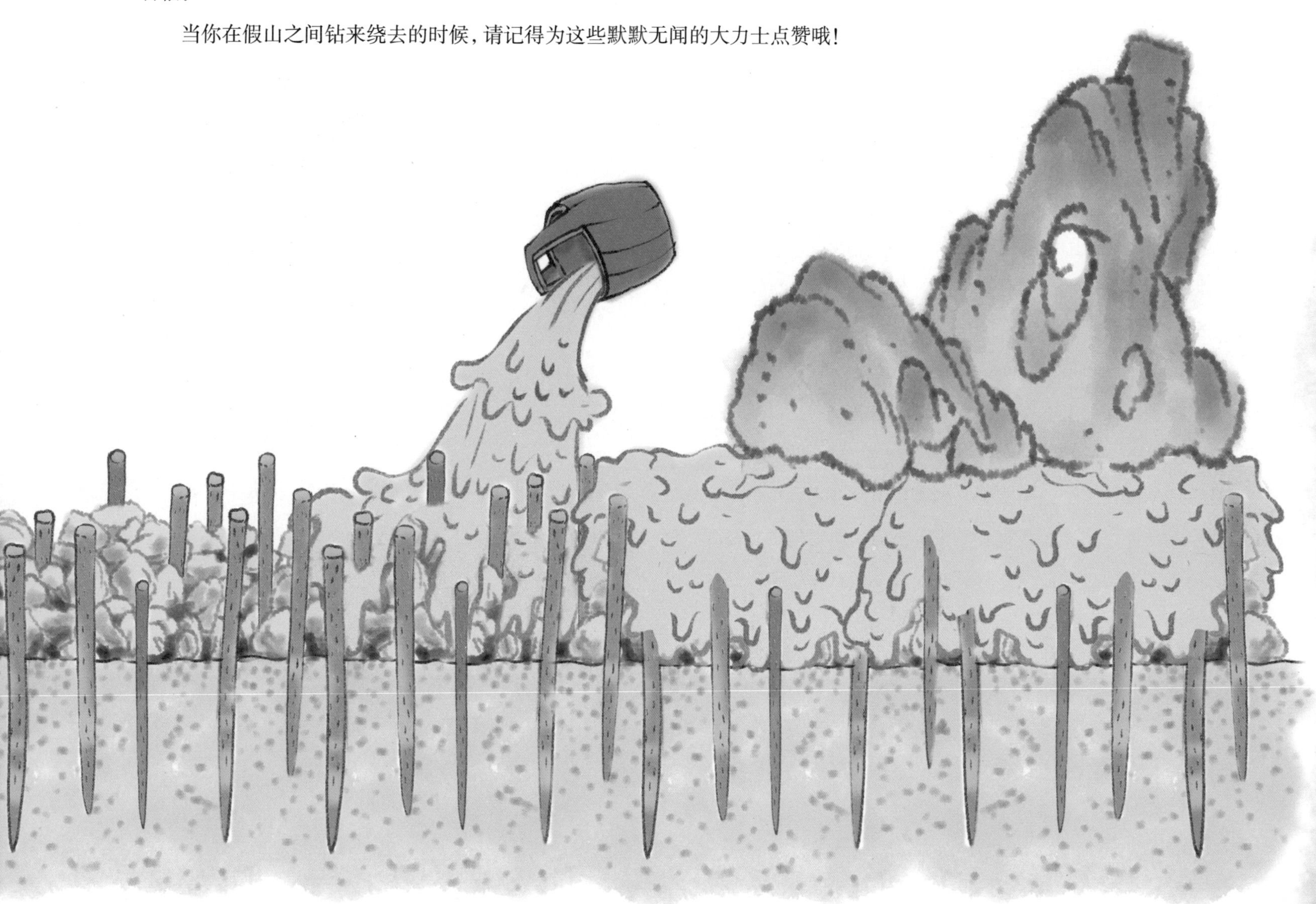

吊装

建造假山，古人叫“叠山”，也叫“掇山”。拾掇假山，就得把石头搬来搬去，可是那么重的大石头用什么办法才能搬动呢？

古代“建筑行业手册”——《营造法式》里画了好几种起重方法，有一种起吊装置是：打完木丁后，再根据高低起伏的地势打上“麻桩”，然后架起秤杆一样的横杆，一套简易的“起重机”就建好了。

木丁是假山最基础的骨架，之后这山便会慢慢“长大”。在山下面，用结实、平稳的巨石垫底，叫“拉底”。拉底后，就要堆叠中层了。

中层位于底层和顶层之间，是叠山工程的主体，需要用吊装装置把各种石头放上去，还要注意留出狭缝穴洞，以便种花花草草。

最后就是结顶了，也叫收头，也需要吊装装置来帮忙。一定要注意的是，当吊装装置把石头放上去时，不能把山盖得满满的，要错落有致，顺应山势，同时，也要留出种植花木的地方，这样的“收尾”才是完美的哦。

用胶来粘假山？

当你从狮子林里的假山丛中穿过时会不会担心：要是有一块石头没放结实掉下来可怎么办？

苏州园林中的假山大多从明代就出现了，还有生于北宋的。虽然都是几百岁的老寿星，可它们的身子骨却依旧硬朗得很，难道它们有什么强身健体的秘方吗？

想要“山体倍儿棒”，除了以石料自身的体重和平衡为基础外，还必须以粘接、砌筑等手段辅助。就像做手工离不开胶水一样，搭建假山也离不开黏合剂。古时候，重要的建筑黏合原料是石灰，石灰要好的搭档有桐油、糯米、明矾、鸡蛋、糖，还有猪、牛等动物的血……它们和石灰、细沙拌在一起便成了灰浆。

你可能会惊讶：哎哟，这怎么都是食材啊！莫不是还能吃？其实，灰浆中食材的含量非常少，绝大部分还是石灰等不能吃的材料哦！

不光中国，在遥远的埃及、希腊、墨西哥等地，鸡蛋、动物的血等都曾是常见的建筑原料。

“灰一分，入河沙、黄土二分，用糯米粳、羊桃藤汁和匀，轻筑坚固，永不隳坏，名曰三和土。”这种黏合剂凝固以后非常坚固，用这个配方胶粘起来的假山不容易倒塌。据说，其中的羊桃藤汁因为拥有独特的味道，还能防虫蛀呢！

银锭扣、铁扒钉、铁扁担

这样巨大的山石光靠“粘”当然远远不够，还得靠“钢铁兄弟”把它们牢牢团结在一起，比如银锭扣、铁扒钉，还有超级能负重的铁扁担。

什么是银锭扣呢？银锭扣又叫银锭榫，两头大，中腰细，模样就像一个银锭。在两块石头间镶入银锭扣，能防止石块松散开裂。

至于铁扒钉就更好理解了。它也是镶嵌在两块石头之间的，既起到了衔接的作用，又起到了稳固的作用。

铁扁担不但能让一大排懒散又倔强的石头团结一致，还可以挑起悬空的山洞。苏州狮子林里就有很多假山山洞是由铁扁担挑起来的，眼尖的你，请找找看吧！

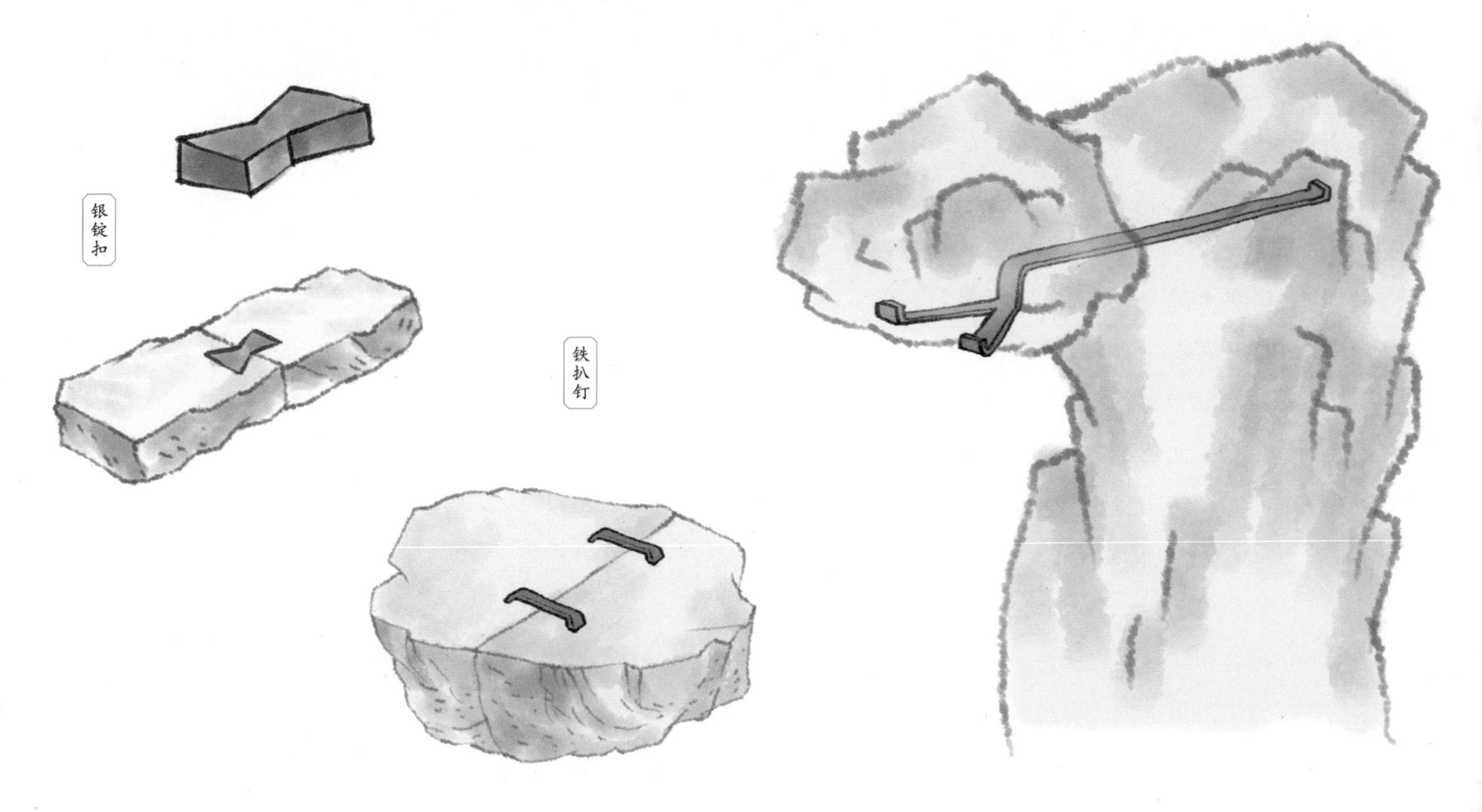

搭建假山“十字诀”

聪明的你，积木搭得多了，便会有一套“独家秘籍”。这些看似随意的假山当然也有搭建的诀窍啦！

安：苏州方言叫“搁”或者“盖”，就是把山石架空搁放。用这个办法可以让假山显得空虚灵巧。

连：把石头和石头横向连接起来叫“连”。虽然看起来简单极了，可其中要留心的细节多着呢！石头的纹理是否搭配？棱角、形状连在一起好不好看？位置高低、缝隙宽窄合不合适？

这么用心专注，跟画画的你、做陶艺品的你、搭积木的你，是不是一模一样呢？你看，每个孩子天生就是建筑家、造园大师！

接：把石头和石头纵向连接起来叫“接”。原来“连接”竟然是两个动作！“接”的诀窍在于利用石头的断面，让它们相互嵌合，拼补得天衣无缝。

斗：斗是对流水冲蚀所形成的洞穴的模仿，通常会用于假山的收顶。具体说就是，使两块石头紧紧衔接咬合，不留空隙，看起来就像两只生气的公羊把犄角抵在了一起。

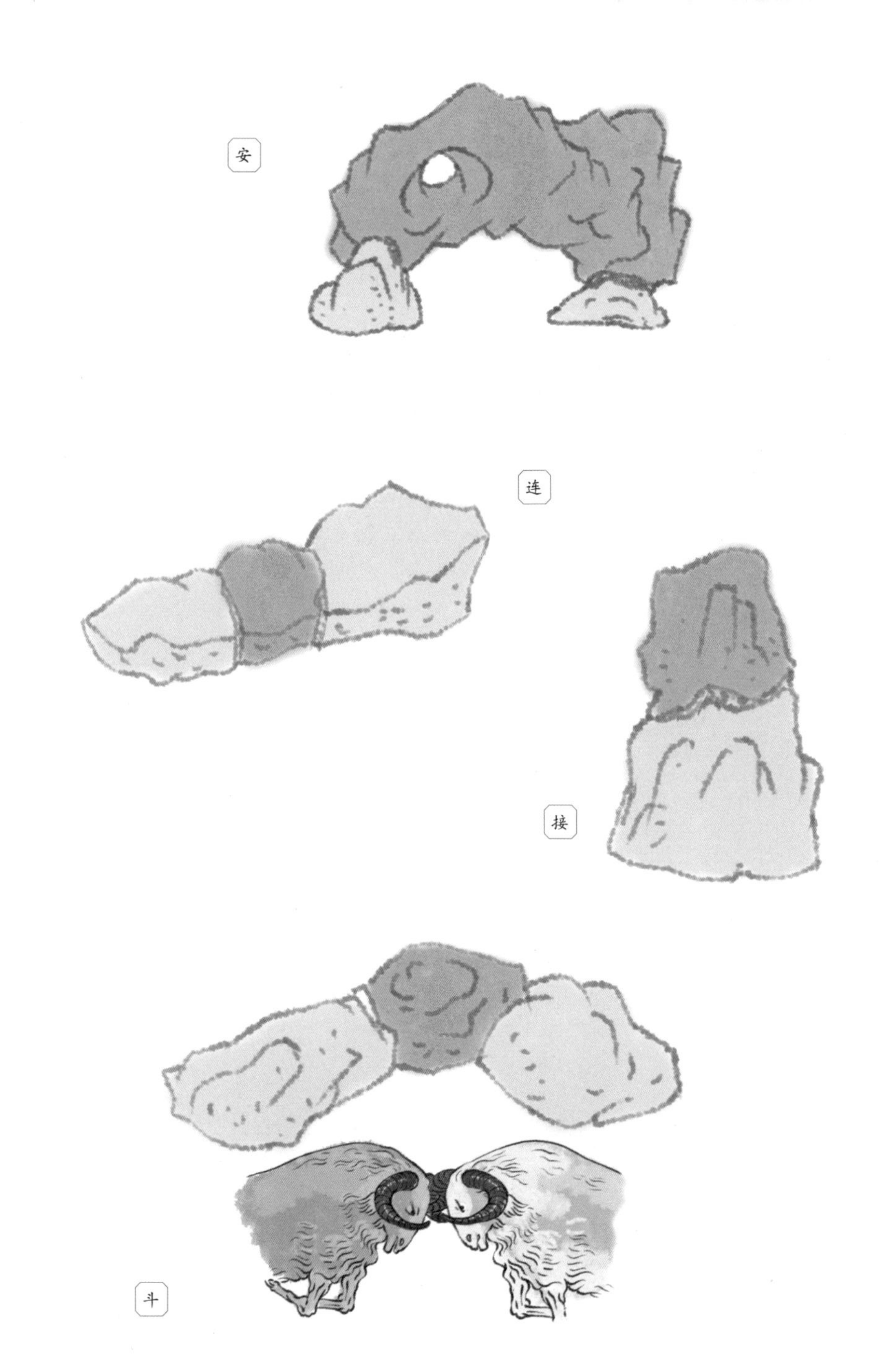

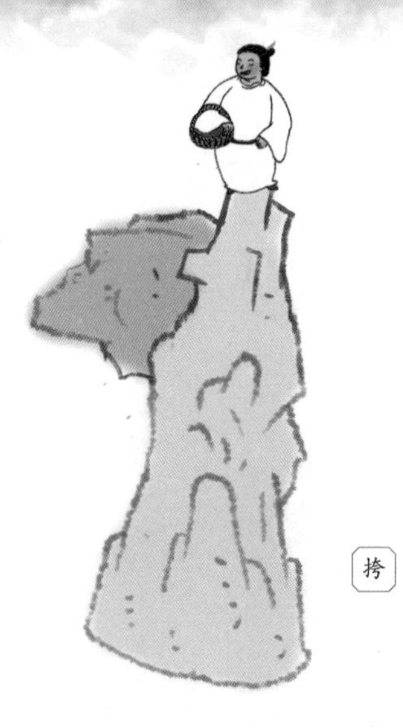

挎：你觉得假山山峰的样子太普通了？用“挎”的方法来补救吧。“挎”字的意思是弯起胳膊来挂住东西，比如挎篮子；把东西挂在肩上或者挂在腰里也叫“挎”，比如挎着包。让孤零零呆立着的石头再“挎”上另一块，合在一起，假山的身姿就变得曲折有致啦。

拼：零碎的小山石缺乏气势，按照一定的形状拼起来后，会显得山体雄厚，气魄壮丽。

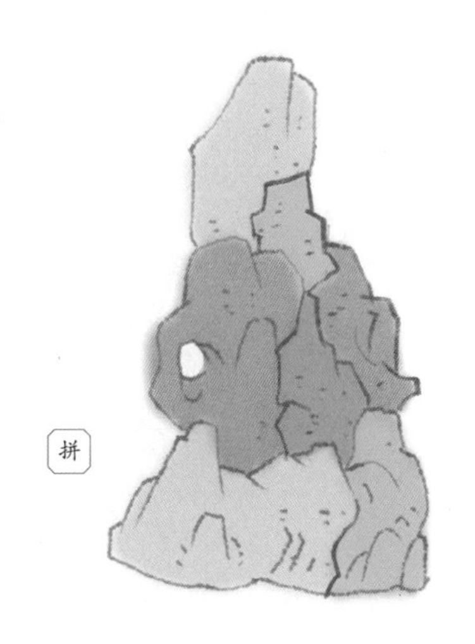

悬和垂：不同的是，悬石一般上大下小，下端悬垂。悬石还要嵌在洞顶上，以突出险峻。垂则是在一块大立石顶部的侧边悬挂一块石头。垂可以用于悬崖顶部、假山洞口等位置，也是为了营造险峻的感觉。

卡：在假山的空隙间“卡”一块石头，如同我们爬山时看到“一线天”顶上那块摇摇欲坠的石块一样，这就是卡。卡塞的石块不能太大，否则就无法形成奇险孔隙了，令人感觉不到奇趣。

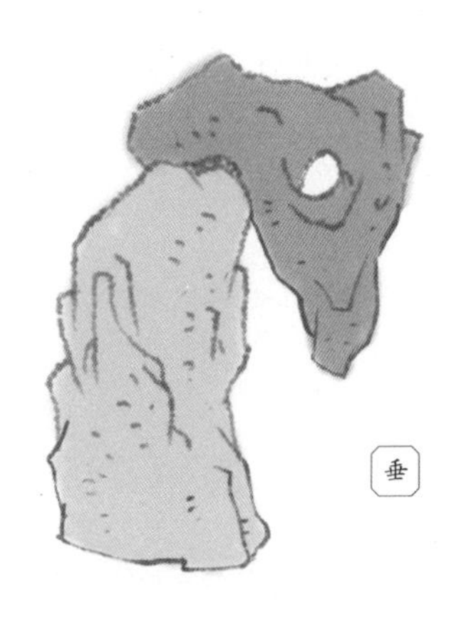

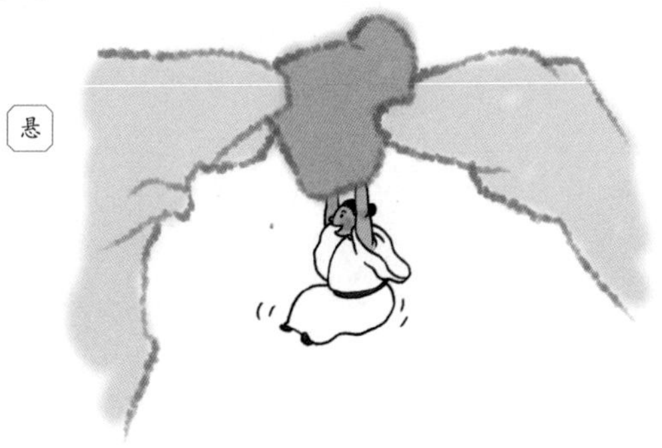

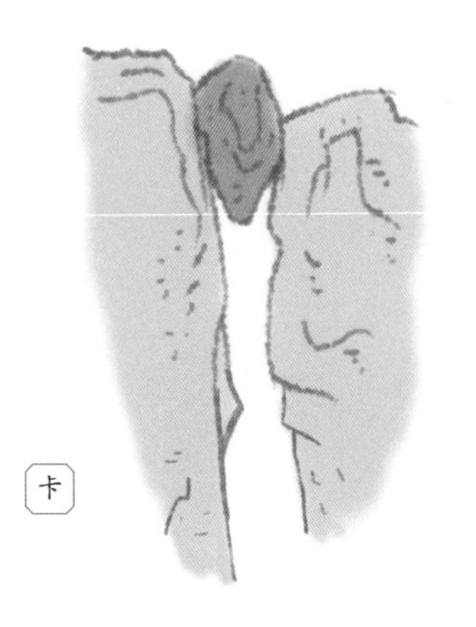

剑：“无限风光在险峰”，把山石像宝剑一样竖立起来便成了拔地而起的“剑锋”啦。这种叠石一定要高低呼应、错落有致，才能营造一种超拔脱俗的效果。

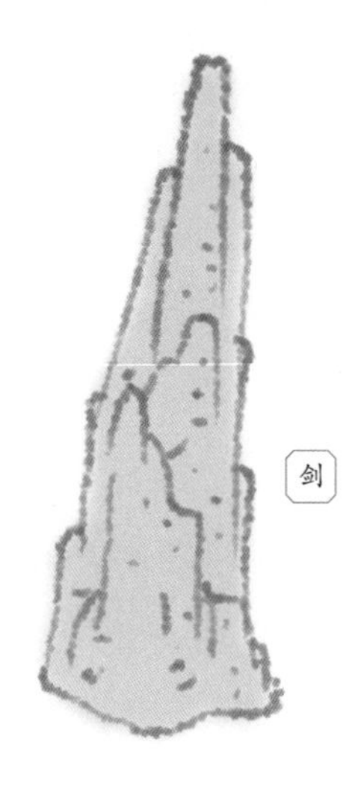

皴和石纹

技术高超的造园家以大自然为老师，堆叠出来的假山看上去千姿百态，游人既可以钻洞，又可以沿着崎岖的小路去探险，百玩不厌；而糟糕的造园家往往缺乏章法，让庭院显得乱七八糟，或者拥挤憋闷。

有些园林设计家只为炫耀搭建技巧而忽视了审美，如此怎么能造出秀美舒适的庭院呢？其实，想成为一位优秀的造园家，必须精通绘画。画家用笔和墨把大自然中的山峰搬到纸上来；造园家则根据石头上的纹理，按照画家的笔法来叠山。笔墨和石头，相通的地方便在一个“皴”（cūn）字。

可这“皴”是什么意思？

冬天，如果你总是在脸上的水还没擦干时就出门了，时间久了，在冷空气和寒风的侵袭下，皮肤便会开裂起皮，用手一摸，呀！好粗糙，你的脸皴了！石头表面的“皮肤”在历经千万年风吹雨淋后也会皴，画家用笔墨模仿石头纹理的画法就叫“皴”。

喜欢地质学的小读者一定知道，自然界中的岩石模样太多：有的像一摞纸；有的像蜂窝，全是小洞；有的方方正正；有的像一大堆木块……如果把一幅山水画变成园林，那么这各种石头上的纹理该怎样对应呢？

石头千差万别，它们对应的皴法自然随之千变万化，画家将它们总结成点皴、线皴和面皴三个小组：点皴小组的同学有雨点皴、豆瓣皴、丁头皴等；线皴小组的同学有披麻皴、卷云皴、解锁皴、牛毛皴、折带皴、荷叶皴等；面皴小组的同学有大斧劈皴、小斧劈皴这对双胞胎和刮乱皴、乱柴皴等。以上皴法都适合画石头。此外还有鳞皴、绳皴、横皴几位同学，适合画树皮。

所以，叠山之前，请先读石，读它的纹理、颜色，读它的大小、形状，先读明白了才好给它们分配工作：粗笨的大块头，负责在基础位置垫底；样子玲珑乖巧的石头，请到山顶去，把最美的一面展示出来。

被戏称为“蜜供山”的假山则是个反面例子，它不讲究纹理，把石块很规则地层叠起来，摆出很多长方孔，上面放上花盆，就像蜜供一样。

粪水、炉甘石、雄黄

如果单是光秃秃的石头假山，一定达不到主人“深意画图，余情丘壑”的追求，水有声，山有色，园林才有生机。

那就让假山自己长出颜色吧！把石头浸泡在粪水里，许久之后取出再用清水洗净，上面便因为长满了微生物而呈现自然的旧色，比新石柔和得多。如果想让它长出绿莹莹的苔藓，可以将马粪拌在土浆里，涂在石头表面。还有一种比较文雅的方法：将极稀的米汤泼洒在石头表面，也能长出油绿可爱的苔藓。

如果这石头山上再有点儿“白云出岫”或者“烟霞雾霭”，就是在生机之外又多了一重仙气。于是，古人把炉甘石混在假山的土石之间，降雨之后经太阳一晒，其中就会蒸腾出水蒸气来，便真从山间升起雾霭了。这是一种利用天然化学材料制造人工云雨的巧妙方式。

细心的你，有没有担心过：假山上那么多窟窿，里面会不会藏有蛇或者虫子呢？

放心吧，这个问题，古人早有解决之道。

雄黄，看上去有些不起眼，但加热到一定温度后会产生剧毒物质。所以工匠们搭建假山时会把雄黄掺进土石里，这样蛇虫鼠蚁就不会在里面做窝啦。

不要太过惊讶，园林造景这事儿能满足你所有的想象和各种“脑洞大开”的“玩法”。

挖山洞

淘气鬼，在狮子林里你最爱玩什么？我猜肯定是钻山洞！

苏州园林里有一些山洞，水洞连着旱洞，单洞连着双洞，从山洞里钻进去可能从山顶的平台上出来，非常有趣。

一些山洞会连着盘山道，曲折幽深，好像迷宫一样，但这样设计并不只为好玩，还因为山洞和盘山小径有助于假山排水，使山与山之间空气流通，光线充足。狮子林里的假山群排水性能特别好，即使大雨滂沱也不会阻塞，属于“旱假山”。

呀！这样多功能又充满惊喜的山洞多么令人期待！

凡是挖过沙堡的小读者一定对挖洞很有心得，没点儿技术的小屁孩儿可干不了这事，对吧？在园林里，你可以按照这三种样式搭建山洞：梁柱式、叠涩式和拱券式。

“起脚如造屋”，就像盖房子一样，用柱子和墙支撑起来的就是梁柱式山洞。在很多梁柱式山洞顶上还能看到加固大力士——铁扁担兄弟呢！苏州的环秀山庄里就有这种山洞。

叠涩式山洞就是把山石向山洞内侧层层挑伸，一直挑伸到洞顶，再用山石为梁。苏州狮子林里就有这种山洞。

拱起背来，像小桥一样的是拱券式山洞。别看它身材娇小玲珑，却比前两位“硬汉”结实得多，是环秀山庄中的山洞明星。

什么？这些你都不十分满意，你想建个混合式山洞？当然没问题！要知道很多富有创意的造园家也是这么干的哦！

千姿百态园中山

浅水深山一径通
樵夫涉水出林中

造园，为的就是“开门见山”，就像住在山间或者水边的森林里，以松鼠、小鸟为伴，那多好呀！可是人们需要读书、上班，难得清闲，怎么办？

那就把高山搬到窗前，把流水挂上墙面：在园林里筑起体态庞大的园山；在水池上筑起山和水“对镜相视”的池山；厅堂前，影壁墙一样遮住风景的那座是厅山；楼阁旁，助你登高远眺的是阁山。读书、工作累了，抬头看看窗前的山水，是不是有一种清新愉悦的感觉？

狮子林里的园山

造园家如果没有相当丰富的见识和非凡的审美水平，便只能沿着墙壁堆半座小山，绝对建不成狮子林这样结构复杂、形体完整的园山。

狮子林从建成到现在有六百多年了，一直以太湖石假山闻名于世，素有“假山王国”的美誉。狮子林假山群分上中下三层、九条主要山路，有二十一个洞口，清代人俞樾称它“五复五反看不足，九上九下游未全”。

中国古典园林叠山通常有三种方式：仿山式、仿云式、仿兽式。狮子林，听名字就知道是仿兽式的啦。

曾引得倪瓒、陈洪绶、钱维城、吴冠中为它画像，乾隆皇帝为它写诗的狮子林中藏着多少石狮子呢？快去数数看吧！

留园里的厅山

厅山以留园的五峰仙馆为代表，它的名字得自庐山五老峰。

相传，江西庐山这五座山峰是由五位老神仙所化，他们曾带着“河图”和“洛书”在那里传经布道。这五位老神仙分别是青灵始老天尊、丹灵真老天尊、黄灵元老天尊、浩灵素老天尊、灵玄老天尊。

这五座山峰各有姿态，有的仿佛诗人在吟咏，有的仿佛壮士在慷慨高歌，有的仿佛渔翁在独自垂钓，有的仿佛僧人在静心打坐，从各个角度去观察，各有不同的风景。苏轼领略过庐山变幻莫测的山势之后，由衷地感慨道：“横看成岭侧成峰，远近高低各不同。不识庐山真面目，只缘身在此山中。”

厅山，在园林中的地位举足轻重，设计时自然要反复揣摩，让它也能像五老峰一样有丰富的层次，让人浮想联翩。如果不动脑子，死板地按照普通山的样子，围个石头圈中间再高高地耸起三座山峰，像笔架一样，就惹人笑话了。

登庐山五老峰

［唐］李白

庐山东南五老峰，青天削出金芙蓉。
九江秀色可揽结，吾将此地巢云松。

峭壁山

次韵丁天玉游凌元洞四首 古石堆云

[明]周瑛

石湿云不起，石晴云亦逗。
对石闲观云，苍翠落衫袖。

以墙做纸的峭壁山

你听说过峭壁山吗？峭壁山就是以粉墙为背景叠石成山。这种便利的山水小景在江南的园林中随处可见。有的峭壁山嵌在墙中，就像浮雕一样，有的峭壁山挨着墙壁叠成，与粉墙一起构成一幅画。如果你透过门洞或窗洞看过去，会感觉到更富情趣，更具优雅之美。

是谁？想出了这样好的主意！

再在这组峭壁山旁边种几株古韵十足的松柏、古梅，或者竹子、海棠，给它们取名为“香睡春浓”“古木交柯”“华步小筑”“海棠春坞”……可还雅致？

借梯登楼的阁山

一座好玩、好看、好住的园林，怎会缺了登山之乐？

狮子林见山楼前有座假山，假山里藏着一挂“云梯”，拾级而上，你便能到见山楼二层。这座把自家梯子借给相邻楼房用的假山便是阁山。这么一来，既节省了房屋里面的空间，游人又能体验一把登山之趣。

之所以叫“云梯”而不叫“山梯”“石梯”，是因为在中国人心里，山和云本就是分不开的。古人以为云碰石而生，石为云之根。为了让山更有仙气，便常常用“云”字代替“山”字，很有诗意哦。

水面上的池山

园林中一种有意境的场景是在池上建造假山。它有很多种“玩法”：把山洞藏在山下，让水从洞里流过；用石头在水面上若有似无地点出一条“踏步桥”，走在桥上，就像是踏着水面行走；架一座小桥横跨两山之巅……

如此峰峦缥缈，谁说世上没有仙境？这，不就是嘛！

书房山

书房山就是建有书房的假山区域。书房与假山为邻，从窗口望出去，自己仿佛置身在山间——书看得累了，还有什么比这更让人放松的呢？

山里来的字

罩云飘远岫
喷雨泛长河

对于山，我们太熟悉了，一想到它脑袋里马上就有无数好词涌出来，比如崇山峻岭、千沟万壑、深山幽谷、悬崖峭壁、重峦叠嶂、烟岚云岫……但你仔细想想，山和岭有什么差别？峰和巅指的都是山尖吗？对于山，我们其实很陌生。

五代时期的大画家荆浩这样区分山的样子：

尖曰峰，平曰顶，圆曰峦，
相连曰岭，有穴曰岫，
峻壁曰崖，崖间崖下曰岩，
路通山中曰谷，不通曰峪，
峪中有水曰溪，山夹水曰涧。

岫

岫指山洞，有这个字的词语都显得很有仙气，比如“白云出岫”。

《西游记》里说“崖深岫险，云生岭上”，这场景美是美，但是只怕又走进哪个妖怪的地盘上了。

陶渊明说：“云无心以出岫，鸟倦飞而知还。”白云自然地从山洞里往外飘，疲倦的鸟儿纷纷回到巢中。这是不是像极了劳累了一天的你，什么也不想干，就想回家睡觉、吃饭呢？

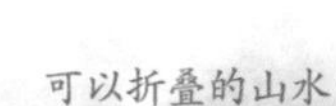

峰

山是天地的骨骼，谁不向往登上那高高在上的峰“一览众山小”呢？

王安石登上飞来峰，感慨道：“不畏浮云遮望眼，自缘身在最高层。”秦观登上会稽高峰秦望山后，看到它“秦峰苍翠，耶溪潇洒，千岩万壑争流”，好一座灵气充沛的南方之山。高适在百丈峰上眺望遥远的燕支山，心里是家国天下：“汉垒青冥间，胡天白如扫。忆昔霍将军，连年此征讨。匈奴终不灭，寒山徒草草。惟见鸿雁飞，令人伤怀抱。”这是西北之山。还有一位老兄——梅尧臣在山里迷了路，说“好峰随处改，幽径独行迷”。

真是千种山峰，万种游法！

水——天地之血

理水

岩石喷泉窄
山根到水平

“上善若水。水善利万物而不争”这句话中国人都非常熟悉，是说水能量巨大却低调、宽和。君子要以水为榜样，学习水的宽广。

在园林里，水不仅是“道德楷模”，更有实实在在的功能，是一位法力无边的“空间魔术师”。

潭

庭院若空间狭小，不能向开阔处发展，那就得让它往纵深处延伸，这就要依靠山和水，山把空间向上拔，水把空间往下拉。在假山下建深潭，水面倒映着山峦，有一种幽深的意境。

池

江南园林，无水不成园。苏州园林里的水有个共同点，就是水的面积非常大，有的园林中水的面积竟然能占到全园面积的三成。

明朝作家、画家、园林设计师文震亨认为，大的水池效果会很好。在最宽广的地方可以设置台榭之类的水上小建筑，或者横一条长堤，上面种上芦苇、蒲草之类的植物，别有一番风致。需要人工修整的地方呢，就用造型优美的石头筑成矶岸，围起朱栏。

这么完美的园林池水，有吗？去寄畅园里看看吧。

幽涧泉

［唐］李白

拂彼白石，弹吾素琴。
幽涧愀兮流泉深，善手明徽高张清。
心寂历似千古，松飕飗兮万寻。
中见愁猿吊影而危处兮，叫秋木而长吟。
客有哀时失职而听者，泪淋浪以沾襟。
乃缉商缀羽，潺湲成音。
吾但写声发情于妙指，殊不知此曲之古今。
幽涧泉，鸣深林。

涧

如果假山中有了深涧，在它的对比下，假山会显得更加高耸。再在涧底引来流水，潺潺水声在山石间响起，空悠的意境自然而生。

湖口望庐山瀑布泉

［唐］张九龄

万丈洪泉落，迢迢半紫氛。
奔飞流杂树，洒落出重云。
日照虹霓似，天清风雨闻。
灵山多秀色，空水共氤氲。

瀑布

人，总喜欢流动的东西，一有烦心事就爱去看看水。黄河、长江承载着厚重的历史沧桑；山溪、小河寄托着人们的相思和忧愁；高山、飞瀑能让人兴奋，将疲惫一扫而光。

既然可以在庭院里掇山，何不把瀑布也搬到眼前？

造园家总有那么多奇思妙想。他们在搭建峭壁山的时候，在山顶留一个能蓄水的小窝，在屋檐下修建一条引水沟，把雨水引到墙头，再顺着墙头把水引到峭壁山山顶的小窝里，小窝积满雨水之后便从石口倾泻而出，形成一股瀑布，这叫“坐雨观泉”。

虚

山是实，水是虚，有山做伴，水才显得空灵；山是坚硬，水是柔软，山加上水，庭院的质感才丰富；山是现实，水是幻想，没有水的山显得木讷无神；山是静，水是动，流动的水让庭院充满生机和乐趣。

水还承载着人们浪漫的想象：晚上坐在水边的小亭里，倚着栏杆望着水面发会儿呆，看到水里一个月亮，天上一个月亮，说一句“与谁同坐？明月清风我”；在亭子里挂起一面镜子，这样月亮便被请进了亭子里，微风吹过便是“月到风来”。

三月三日临曲水诗

[东晋]庾阐

暮春濯清汜，游鳞泳一壑。

高泉吐东岑，洄澜自净荥。

临川叠曲流，丰林映绿薄。

轻舟沈飞觞，鼓枻观鱼跃。

藏

有的园林特别小，想让风景引人入胜，就得“藏”着点儿，不能让人一眼看尽。大画家郭熙对“让风景看起来非常远”特别有心得，他说：“水欲远，尽出之则不远，掩映断其派，则远矣。”意思是，如果让人一眼就能看到水的源头和水的去处，那这池水就没有神秘感，就显得短了，所以我们得把它藏着点儿，让水道多转几个弯儿，让人看不出它的源头，这水流才显得无始无终，绵绵不绝。

曲水

园林里的“曲水”与农历三月三上巳节的习俗有关。这天，人们宴饮、沐浴，祛除积累了一冬天的晦气。有时候，举行完祓除不祥的仪式后，人们会玩一种游戏：在水的上流放置酒杯，任其顺流而下，流到谁的面前停下，谁就要饮酒。后来，这个游戏被发展成了著名的“曲水流觞”。再后来，人们在园林的地面上开凿出蚯蚓一样蜿蜒的槽，然后往石槽里注入流水，九曲回肠，非常美妙。

水里来的字

何处发空响
迢迢远水声

淙

淙淙是流水的声音。古人认为众水汇聚，响声重叠，好似风雷一般的流水声，才能称“淙淙”。

在唐代诗人戴叔伦笔下，“淙”字极有气势：

泷水天际来，鼻山地中坼。
盘涡几十处，叠溜皆千尺。
直写卷沉沙，惊翻冲绝壁。
淙淙振崖谷，汹汹竟朝夕。

看，流水淙淙竟然能声震悬崖幽谷，气势来势汹汹，你体会过吗？

铺地、粉墙

铺地

携手看花深径
扶肩待月斜廊

乱石地

用很小的石头（有的甚至如石榴籽大小）铺园林中的小路，心灵手巧的匠人能用它们拼成各种精巧的图案，甚至还能用小石子讲故事呢！这就是乱石地。

鹅子地

“鹅子”就是鹅卵石。鹅卵石铺成的小路，你一定走过，有什么感觉呢？嗯，有点儿硌脚。所以，鹅子适合铺在不常走人的路上，五颜六色、圆溜溜的，煞是可爱。

咦，石头的颜色是从哪儿来的？这和他们含有的化学成分和色素有关哦。比如，赤红色的鹅卵石含有铁，蓝色的鹅卵石含有铜，紫色的鹅卵石含有锰，翡翠色的鹅卵石含有绿色矿物，等等。由于这些化学成分和色素的种类、含量不同，还会使鹅卵石呈现出浓淡、深浅的变化，看起来色彩斑斓。

一会儿就去鹅子地上找找看吧，没准儿能找到一颗宝石呢！

诸砖地

诸砖地就是用不同的砖头铺地，使地面整齐、平坦，走在上面十分舒适。诸砖地的花式多种多样，有方胜纹、人字纹、席纹、斗方纹……你可能觉得这些花式平淡无奇，但是，当你看到一种花式重复成百上千次后所形成的图案时，一定会感到强烈的震撼的。

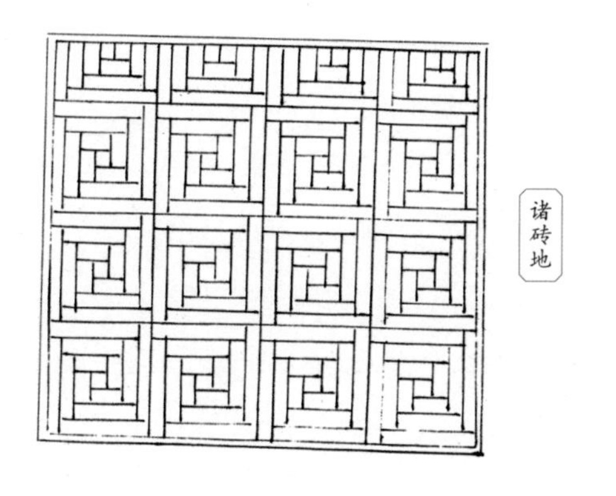

诸砖地

少年游·玉壶冰莹兽炉灰

［宋］欧阳修

玉壶冰莹兽炉灰。人起绣帘开。春丛一夜，六花开尽，不待剪刀催。

洛阳城阙中天起，高下遍楼台。絮乱风轻，拂鞍沾袖，归路似章街。

碎砖地

在独具匠心的造园家眼中，废弃的瓦片和碎砖也大有用途，可以将它们拼成招人喜爱的吉祥图案，比如岁寒三友、四君子、仙鹤、蝙蝠，或者在湖边拼出一排汹涌的波涛，你说好不好？

冰裂地

在园林里水边的斜坡上和亭边的空地上，你一定见过“冰裂地”。冰裂地就是用冰裂纹铺地。冰裂纹是指大自然中的冰块炸裂后所产生的纹样。用冰裂纹铺地，美丽迷人，还能让人感觉到与大自然很亲近，从而产生愉悦的感受。园林的主人还会安装冰裂纹窗户。当他们拿着冰裂纹茶杯，走在冰裂地上时，别有一种意境。

冰裂地可以是纯色的，也可以是杂色的，各有风情。由于这种铺地方式成本不高，图案和色彩又很丰富，纹理还能防滑，深受一些造园家的喜爱。

冰裂地

粉墙

疑是昔年窥宋玉，东邻只露墙头一半身

墙的样式

凡进过园林，你便会忘不掉那许多造型别致的花墙、漏窗墙。园林庭院中的墙不需要承托沉重的屋顶，所以格外灵活自由，园主可以按自己的需要开窗、开门。这墙不必像城墙那般坚固敦厚，开窗大小也随园主喜好。江南潮湿多雨，空气闷热，园林里的墙需要砌得比较薄且在上面开出许多窗户以方便通风。

苏州园林的含蓄灵秀之美，与墙的设置分不开。有的墙深邃曲折，让游人沿着墙下路径行走时，有一种“庭院深深深几许”的感觉。墙还“隔”出了园林的多维空间。

粉墙：“粉墙黛瓦”是苏州园林的符号之一。粉墙就是白色的墙，洁净素雅，非常好看。此外，白墙还有非常实际的功能，它能反射阳光，让屋里凉爽些。

古人非常喜欢镜子一般光滑细腻的墙面。有一种做法是将纸浆拌在石灰里刷墙，干了以后用白蜡涂墙，然后再打磨光滑；还可以用细沙和石灰涂墙打底，然后用麻布裹着扫帚反复轻擦，也能让墙面变得明亮光滑，所以一些白墙又叫“镜面墙”。

在园林里布置风景时，白粉墙还能充当“画纸”呢，峭壁山就全依靠它显出特色来。

磨砖墙：这是古人的“瓷砖”墙。把砖磨成统一的样式，或四方形，或六角形，或八角形，等等，然后拼贴到墙面上，可以对角斜拼，也能交错拼，聪明的匠人甚至能拼出锦缎花纹般的图案来。

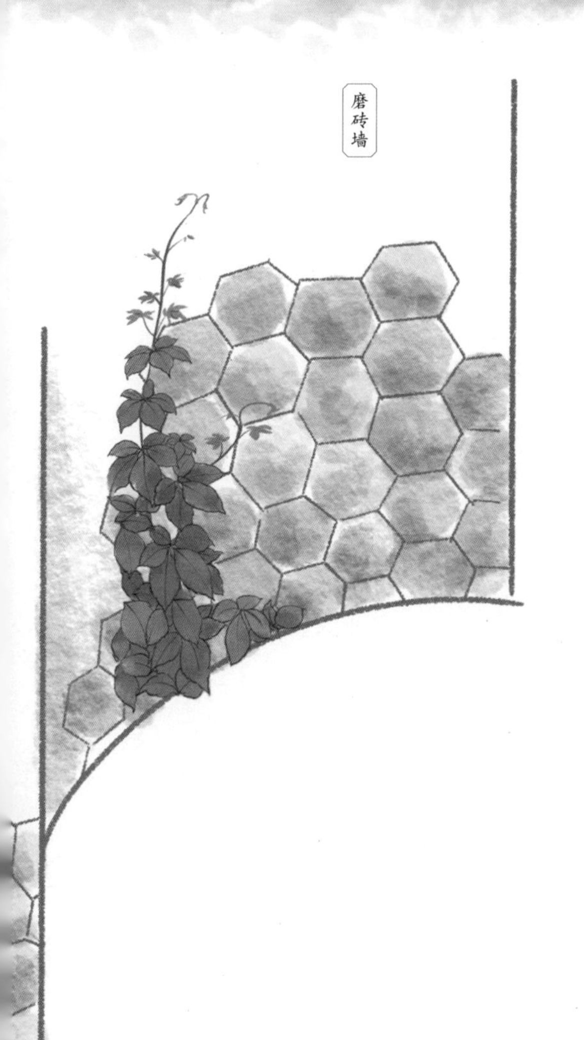

漏砖墙：又叫漏明墙，墙上开窗，墙洞处用砖或瓦砌成各种寓意为吉祥的图案，比如广受欢迎的银锭形、铜钱形、鱼鳞形。

乱石墙：用乱石砌墙，大、小石块交错，好像山里农家的院墙。人们用桐油和着石灰填充石缝，纹路看起来像冰裂开的纹路，古朴自然。

墙的作用

墙，可不只是用来围住院子，它还是园林造景的绝招。

障景：中国古人在审美上讲究半藏半露、似有还无。所谓半山亭、半亩塘、月半露、云半遮、门半开、房半盖、身半露、花半开、帘半卷……“半”给人留下无尽的想象空间。

园林里的景色若一眼看尽，岂不无聊？所以造园家筑起一重重曲线优美的墙，把风景藏起来，让小小的园子显得层次丰富，常逛常新，这便是“庭院深深”“曲径通幽”了。

衬景：在园林中，我们常能看到这样的小风景：一面白墙前，两三块山石、五六杆竹子。这时候，作为画纸的墙就起到衬景的作用。

漏景：用窗把风景“漏”出来，是造园家的拿手好戏。漏窗就像一个个画框，把墙后的风景挂到了墙面上。

云墙：也叫波浪墙，墙面粉白，墙头覆盖着小青瓦，好像天上的云朵一样。它随着地形起伏时高时低，影影绰绰地露出墙那边的一点儿风景，优美的曲线让整个园林都灵动、温柔起来了。

游墙：与云墙不同，游墙的重点不在于形状，而在于“游”字。它能带着你在深幽变化的园林中曲折游玩。

景墙：就是在墙上开出窗洞，把园林里的好风景直接“搬”进窗洞里。

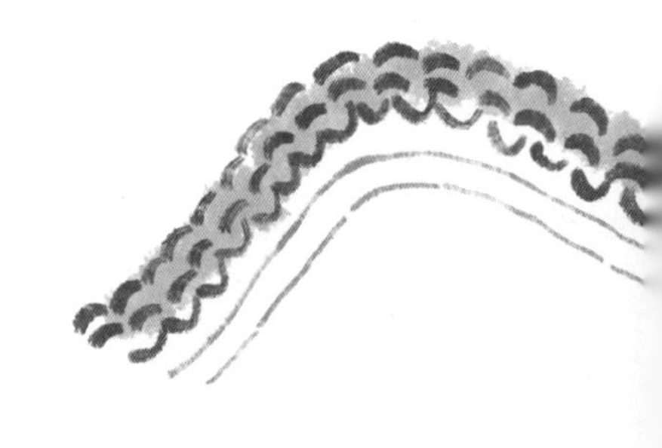

游园不值

[宋]叶绍翁

应怜屐齿印苍苔，
小扣柴扉久不开。
春色满园关不住，
一枝红杏出墙来。

洞门

墙把园林分割成很多区域，虽然遮挡着风景不让它一览无遗，却也给出入带来不便。那就开个门洞吧！一来方便人通行，二来多了一处画框，就像漏窗那样。苏州园林的门洞中，圆形的月洞门最多，也有莲瓣、葫芦、海棠、贝叶等别致的样式。

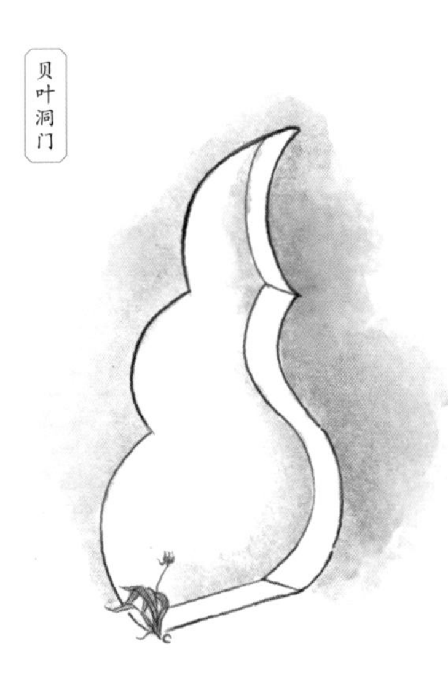

葫芦洞门：沧浪亭有个葫芦洞门，外形婀娜。一步跨过这门洞，眼前豁然开朗，别有天地。

宝瓶洞门：外形就好像观世音菩萨手里那只“羊脂玉净瓶”一样，非常别致。据说，每天从这“宝瓶”里进进出出，寓意为吉祥。

狮子林因为是一座佛教园林，所以里面有很多以独特的佛教符号开辟出来的洞门，比如燕誉堂北面的佛脚印洞门，取名“探幽”的海棠洞门，还有跟它曾经的主人的姓氏相同的贝叶洞门。

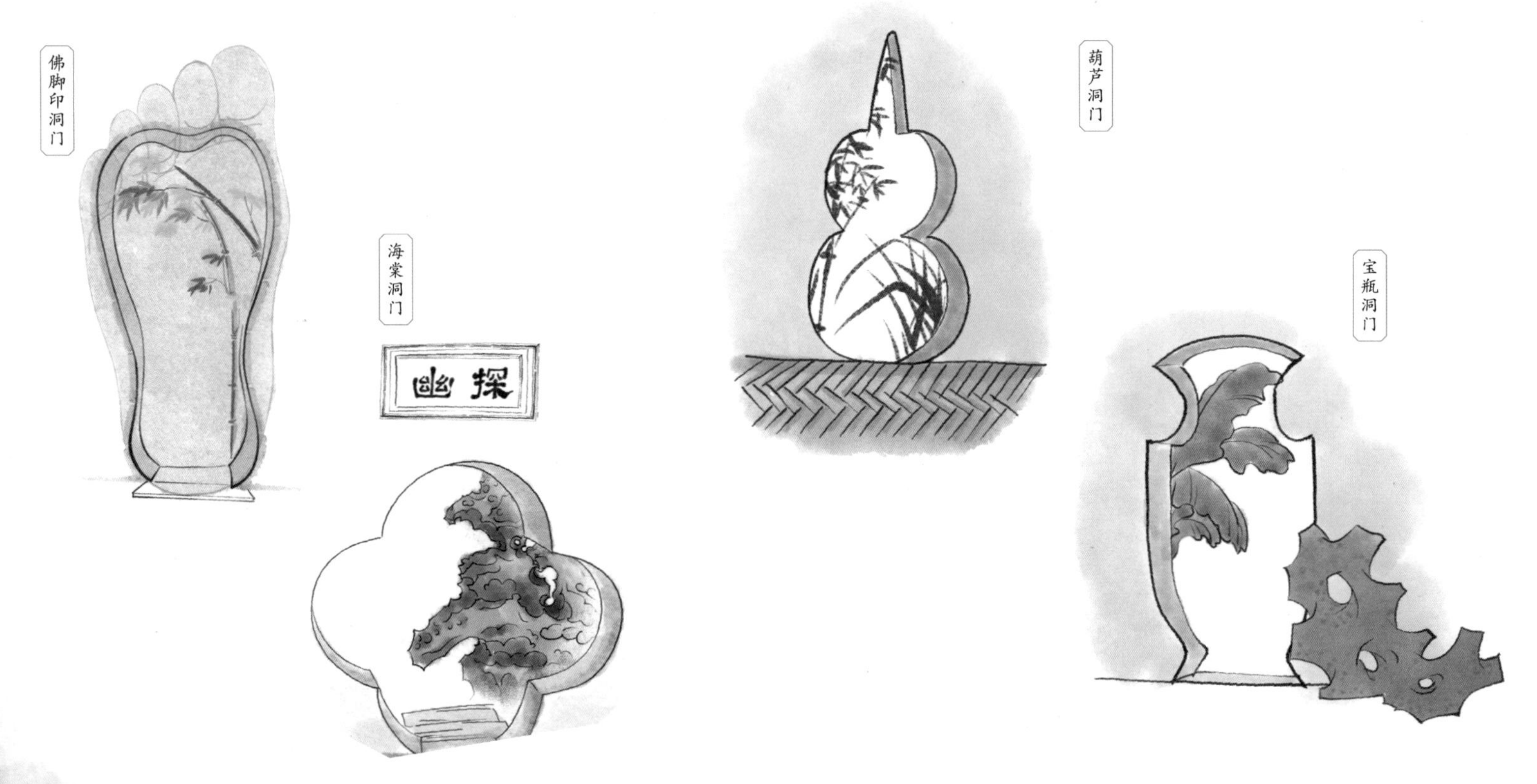

墙里来的字

峻宇雕墙：高大的房屋，雕花的围墙。这样豪华富庶，说的不正是园林吗？

断壁残垣：意思是倒了的墙。但是其中的“垣”又是什么？垣，笼统来说就是墙，说得具体点儿就是矮墙。古人还把星空分成太微、紫微、天市三垣，垣就是天宫的城墙。

结束语

中国园林既有山水风月之美，又是“洗心涤性”的重要生活境域。因此，庭院雅趣，成为一种美好的追求。

园林是在咫尺之内，再造乾坤，丰简自便，即便是“容身小屋及肩墙”，依然可以在其中“窗临水曲琴书润，人读花间字句香”。

曹林娣